DEUTSCHE AKADEMIE DER WISSENSCHAFTEN ZU BERLIN

Veröffentlichung des Physikalisch-Technischen Instituts

Nr. 2

ZUR BESTIMMUNG DER CHARAKTERE VON IRREDUZIBLEN DARSTELLUNGEN NICHT-SYMMORPHER RAUMGRUPPEN

von

H. W. STREITWOLF

Mit 1 Abbildung und 9 Tabellen

AKADEMIE-VERLAG · BERLIN

1962

Erschienen im Akademie-Verlag GmbH, Berlin W 8, Leipziger Straße 3—4

Lizenznummer: 202 · 100/740/62
Gesamtherstellung: VEB Druckerei „Thomas Müntzer" Bad Langensalza
Bestellnummer: 2099/2 · ES 18 B 1 · Preis: DM 7,90

A general method is presented for the calculation of the character table of a group, if the character table of an invariant subgroup of index 2 or 3 is already known. For some special cases this method has already been described by ZAK [1]. For the space groups O_h^2 and T^4 the character tables are rederived according to the generalized method presented here thus removing some errors made by ZAK.

1. Einleitung

Zur Untersuchung von Symmetrieeigenschaften der Eigenwerte und Wellenfunktionen eines Elektrons, das sich in einem kristallsymmetrischen Potential befindet, benötigt man die Charaktere der irreduziblen Darstellungen der Raumgruppe, unter deren Transformationen das Potential invariant bleibt.[1]) Jede irreduzible Darstellung der Raumgruppe läßt sich einem Satz von reduzierten **k**-Vektoren aus der BRILLOUIN-Zone (Stern von **k**[2])) zuordnen und durch eine sog. kleine Darstellung der Gruppe von **k** $G(\mathbf{k})$ ausdrücken [5]. $G(\mathbf{k})$ besteht aus allen den Elementen $\{\alpha/\mathbf{a}\}$[3]) der Raumgruppe, deren Drehanteil α den Vektor **k** invariant läßt oder in einen äquivalenten $\mathbf{k} + \mathbf{K}$ (**K**, reziproker Gittervektor) überführt. Eine kleine Darstellung dei Gruppe $G(\mathbf{k})$ heißt eine irreduzible Darstellung von $G(\mathbf{k})$, bei der die reinen Translationselemente $\{\varepsilon/\mathbf{R}_n\}$ durch $e^{-i\mathbf{k}\mathbf{R}_n} \cdot 1$ repräsentiert werden [4]. In vielen Fällen lassen sich die kleinen Darstellungen von $G(\mathbf{k})$ ihrerseits durch irreduzible Darstellungen der Punktgruppe $G_0(\mathbf{k})$ ausdrücken, deren Elemente **k** invariant lassen. Die Charaktere der Punktgruppe sind aber allgemein bekannt [5]. Nur für **k**-Vektoren auf der Oberfläche der BRILLOUIN-Zone bei nicht-symmorphen[4]) Raumgruppen gelingt diese Rückführung nicht, und es

---

[1]) Vgl. z. B. [2], [3].

[2]) Vgl. z. B. [4].

[3]) Bezeichnung der Elemente der Raumgruppe nach SEITZ [6]. α bedeutet eine Drehung oder Drehinversion, **a** eine darauffolgende Translation.

[4]) Eine Raumgruppe heißt nicht-symmorph, wenn sie Elemente $\{\alpha/\mathbf{a}\}$ enthält, deren Translationsanteil keine primitive Translation beschreibt, also sich nicht ganzzahlig aus drei linear unabhängigen Basistranslationen linear kombinieren läßt. Diese Elemente $\{\alpha/\mathbf{a}\}$ beschreiben Schraubungen und Gleitspiegelungen.

müssen umständlichere Methoden zur Bestimmung der Charakterentafel von $G(\mathbf{k})$ verwendet werden.

Man kann dazu z.B. wie HERRING [7] die Klassenmultiplikationskoeffizienten benutzen, eine Methode, die häufig zur Berechnung von Charakterentafeln verwendet wird, aber streng genommen eine Zerlegung der Gruppe in Klassen konjugierter Elemente voraussetzt und die ziemlich umständlich ist, wenn man nicht zusätzliche spezielle Eigenschaften der untersuchten Gruppe ausnutzt. SUGITA und YAMAKA [8] geben ein anderes Verfahren an, indem sie von einer symmorphen Untergruppe von $G(\mathbf{k})$ ausgehen, deren Charakterentafel leicht angebbar ist und aus ihr die Charakterentafel für $G(\mathbf{k})$ ableiten, indem sie mit Hilfe von Darstellungsfunktionen [9] die Darstellungen von $G(\mathbf{k})$ direkt angeben. Unmittelbar interessieren allerdings nur die Charaktere. Man kann sie nach dem Vorgehen von ZAK [1] aus den Charakteren einer symmorphen Untergruppe vom Index 2 oder 3 über die sog. Charakteristiken der Darstellungen erhalten. Wir wollen hier diese Methode in einer etwas verallgemeinerten Form übersichtlich darstellen.

Das Problem wird wie folgt formuliert: Gegeben sei eine Gruppe G, die einen Normalteiler H vom Index 2 oder 3 besitzt. Gesucht wird die Charakterentafel von G, wenn die Charakterentafel von H bekannt ist.

2. Klassen von G und H

Zunächst untersuchen wir die Klasseneinteilungen von G und H in Klassen konjugierter Elemente. Sind C_i die Klassen von G, so ist

$$G = \sum_{i=1}^{r} C_i \,.$$

Da H Normalteiler ist, besteht H aus ganzen Klassen C_i, die wir so durchnumerieren wollen, daß $H = \sum_{i=1}^{r'} C_i \; (r' < r)$ ist. Die Klasseneinteilung von H kann dann höchstens eine Verfeinerung der Klassen C_i sein. Wir können die Klassen von H also mit C_{ij} bezeichnen $C_i = \sum_{j=1}^{m_i} C_{ij}$ $(i = 1, \ldots, r')$ und erhalten als Klasseneinteilung von H

$$H = \sum_{i=1}^{r'} \sum_{j=1}^{m_i} C_{ij} \,.$$

Über die Verfeinerung der Klasse C_i machen folgende beiden Sätze Aussagen, wenn H vom Index 2 oder 3 ist.

Satz 1. *H* ist vom Index 2.

C_i ist genau dann eine Klasse von H (verfeinert sich also nicht), wenn ein Element $a_0 \in C_i$ und ein Element $b_0 \in G - H$ existieren, so daß $a\,b = b\,a$ ist. Andernfalls verfeinert sich C_i in zwei gleichmächtige Klassen C_{ij} von H $(m_i = 2)$.

Bew.: Zunächst überzeugt man sich leicht indirekt davon, daß, wenn $a, b \in G - H$, so, $a\,b \in H$ ist, wenn H vom Index 2 ist. Sei nun c ein beliebiges Element aus C_i. Existiert dann $a_0 \in C_i$ und $b_0 \in G - H$ mit $a_0 b_0 = b_0 a_0$, so sind c und a_0 in G konjugiert Es existiert also ein $d \in G$ mit $c = d^{-1} a_0 d$. Ist $d \in H$, so sind c und a_0 auch in H konjugiert. Ist $d \notin H$, so ist $b_0 d \in H$ und wegen $c = d^{-1} a_0 d = d^{-1} a_0 b_0^{-1} b_0 d = (b_0 d)^{-1} a_0 b_0 d$ sind c und a_0 auch dann in H konjugiert

Zum Beweis der Umkehrung nehmen wir an, daß $a\,b \neq b\,a$ ist für alle $a \in C_i$ und alle $b \in G - H$.

Ist dann a_0 ein spezielles Element aus C_i, so wollen wir die von ihm erzeugte Klasse von H C_{i1} nennen Ist b_0 ein spezielles Element aus $G - H$, so ist $b_0^{-1} a_0 b_0 \in C_i$. Die von $b_0^{-1} a_0 b_0$ erzeugte Klasse in H wollen wir C_{i2} nennen. Durchläuft c alle Elemente von C_{i1}, so durchläuft $b_0^{-1} c\, b_0$ alle Elemente von C_{i2}. Die beiden Klassen sind gleichmächtig.

Sie sind verschieden, sonst gäbe es ein Element $h \in H$ mit $a_0 = h^{-1} b_0^{-1} a_0 b_0 h$, d. h. $b_0 h$ ($b_0 h \in G - H$!) kommutiert mit a_0, im Widerspruch zur Annahme.

C_i besteht nur aus den beiden Klassen C_{i1} und C_{i2}, denn ist $c \in C_i$, aber $c \notin C_{i1}$, so existiert $d \in G - H$ mit $c = d^{-1} a_0 d = d^{-1} b_0 (b_0^{-1} a\, b_0) b_0^{-1} d$, d. h. $c \in C_{i2}$, da $b_0^{-1} d \in H$.

Satz 2. H ist vom Index 3.

C_i ist genau dann eine Klasse von H (verfeinert sich also nicht), wenn ein Element $a_0 \in C_i$ und ein Element $b_0 \in G - H$ existieren, so daß $a_0 b_0 = b_0 a_0$ ist. Andernfalls verfeinert sich C_i in drei gleichmächtige Klassen C_{ij} von H ($m_i = 3$).

Bew.: Wir wollen die Nebenklassen von G nach H, H' und H'^{-1} nennen: $G = H + H' + H'^{-1}$. Ist nämlich $b_0 \in H'$, so ist $b_0^{-1} \in H'^{-1}$. Man überzeugt sich indirekt davon, daß $a\,b \in H$ ist, wenn $a \in H'$ und $b \in H'^{-1}$ ist.

Sei nun c ein beliebiges Element aus C_i. Existiert dann $a_0 \in C_i$ und $b_0 \in H'$ [1]) mit $a_0 b_0 = b_0 a_0$, so sind c und a_0 in G konjugiert. Es existiert also ein $d \in G$ mit $c = d^{-1} a_0 d$. Ist $d \in H$, so sind c und a_0 auch in H konjugiert. Ist $d \in H'$ ($d \in H'^{-1}$), so ist $b_0^{-1} d \in H$ ($b_0 d \in H$) und wegen $c = d^{-1} a_0 b_0 b_0^{-1} d = (b_0^{-1} d)^{-1} a_0 b_0^{-1} d$ $\left(c = d^{-1} a_0 b_0^{-1} b_0 d = (b_0 d)^{-1} a_0 b_0 d\right)$ sind c und a_0 auch dann in H konjugiert.

Zum Beweis der Umkehrung nehmen wir an, daß $a\,b \neq b\,a$ ist für alle $a \in C_i$ und alle $b \in H'$ (das gilt dann auch für alle $b \in H'^{-1}$).

Ist dann a_0 ein spezielles Element aus C_i, so wollen wir die von ihm erzeugte Klasse von H C_{i1} nennen. Ist b_0 ein spezielles Element aus H', so sind $b_0^{-1} a_0 b_0$ und $b_0 a_0 b_0^{-1}$ aus C_i. Die von $b_0^{-1} a_0 b_0$ erzeugte Klasse von H wollen wir C_{i2} und die von $b_0 a_0 b_0^{-1}$ erzeugte Klasse C_{i3} nennen. Durchläuft c alle Elemente von C_{i1}, so durchläuft $b_0^{-1} c\, b_0$ alle Elemente von C_{i2} und $b_0 c\, b_0^{-1}$ alle Elemente von C_{i3}. Die drei Klassen sind gleichmächtig.

---

[1]) o. B. d. A. $b_0 \in H'$, da dann $b_0^{-1} \in H'^{-1}$ existiert.

Sie sind verschieden, sonst gäbe es zwei Elemente $h, h' \in H$ mit $a_0 = h^{-1} b_0^{-1} a_0 b_0 h = h'^{-1} b_0 a_0 b_0^{-1} h'$, d. h. $b_0 h$ $(b_0 h \in H')$ und $b_0^{-1} h'$ $(b_0^{-1} h' \in H'^{-1})$ würden mit a_0 kommutieren im Widerspruch zur Annahme. Es ist aber auch $C_{i2} \neq C_{i3}$, da sonst ein Element $h \in H$ existieren würde mit $b_0^{-1} a_0 b_0 = h^{-1} b_0 a_0 b_0^{-1} h_0$, d. h. $b_0^{-1} h b_0^{-1}$ würde mit a_0 kommutieren, aber $b_0^{-1} h b_0^{-1}$ kann kein Element h' aus H sein, da sonst $b_0^{-1} h = h' b_0$ wäre, d. h. $H' = H'^{-1}$.

C_i besteht nur aus den drei Klassen C_{i1}, C_{i2} und C_{i3}. Ist nämlich $c \in C_i$, aber $c \notin C_{i2}, C_{i3}$, so existiert ein $d \in G$ mit $c = d^{-1} a_0 d$. Wäre $d \in H'$ $(d \in H'^{-1})$, so existiert $h \in H$ $(h' \in H)$ mit $d = b_0 h$ $(d = b_0^{-1} h')$ und es wäre $c = h^{-1} b_0^{-1} a_0 b_0 h$ $(c = h'^{-1} b_0 a_0 b_0^{-1} h')$, d. h. $c \in C_{i2}$ $(c \in C_{i3})$ im Widerspruch zur Annahme. Es muß also $d \in H$ sein, also $c \in C_{i1}$.

3. Charakteristiken

Die Bestimmung der Charaktere von G erfolgt zweckmäßig über die sog. Charakteristiken (s. z. B. [10]).

$G = \sum_{i=1}^{r} C_i$ sei wieder eine Gruppe der Ordnung g mit ihrer Klasseneinteilung; $\mathfrak{D}_1, \ldots, \mathfrak{D}_r$ seien die irreduziblen Darstellungen und $\chi_i^{(p)}$ die Charaktere.

f_i sei eine Klassenfunktion auf G $(i = 1, \ldots, r)$. Dann gibt es zu jeder irreduziblen Darstellung von G eine einfache Charakteristik

$$\Phi_p(f) = \frac{1}{g} \sum_{i=1}^{r} r_i f_i \chi_i^{(p)*}$$

(r_i, Elementzahl in der Klasse C_i).

Analog existieren zu reduziblen Darstellungen $\mathfrak{D} = \sum_{p=1}^{r} n_p \mathfrak{D}_p$ zusammengesetzte Charakteristiken:

$$\Phi(f) = \frac{1}{g} \sum_{i=1}^{r} r_i f_i \chi_i^{*} = \sum_{i=1}^{r} n_p \Phi_p(f) \,. \tag{1}$$

Aus dem Koeffizienten von f_i kann man jeweils leicht den Charakter der Klasse C_i bestimmen.

Wenn man $\Phi_p(f)$ in (1) einsetzt, kann man mit den Orthogonalitätsrelationen für die $\chi_i^{(p)}$ die Gleichung umkehren:

$$f_i = \sum_{p=1}^{r} \Phi_p(f) \, \chi_i^{(p)} \,. \tag{2}$$

Nun sei $H = \sum_{i=1}^{r'} \sum_{j=1}^{m_i} C_{ij}$ ein Normalteiler von G mit seiner Klasseneinteilung, Δ_p $(p = 1, \ldots, \bar{r})$ $(\bar{r} = \sum_{i=1}^{r'} m_i)$ seien seine irreduziblen Darstellungen, $\chi_{ij}^{(p)}$ die Charaktere.

Ist f_{ij} eine Klassenfunktion in H, so sind die einfachen Charakteristiken

$$\varphi_p(f) = \frac{1}{h} \sum_{i=1}^{r'} \sum_{j=1}^{m_i} r_{ij} f_{ij} \chi_i^{(p)*} \tag{3}$$

(r_{ij}, Elementzahl in der Klasse C_{ij}).

Ist f_{ij} Teil einer Klassenfunktion von G, ist also $f_{ij} = f_i$ (unabhängig von j!), so ist jede einfache Charakteristik $\varphi_p(f)$ von H gleichzeitig eine (i. a. zusammengesetzte) Charakteristik von G.

Bew.: Da f_i Klassenfunktion in G ist, gilt (2). In (3) eingesetzt ergibt sich

$$\varphi_p(f) = \sum_{p'=1}^{r} \Phi_{p'}(f) \left(\frac{1}{h} \sum_{i=1}^{r'} \sum_{j=1}^{m_i} r_{ij} \chi_i^{(p)} \chi_{ij}^{(p')*} = \sum_{p'=1}^{r} n_{p'}^{(p)} \Phi_{p'}(f) \right).$$

$n_{p'}^{(p)}$ gibt an, wie oft $\Delta_{p'}$ in der aus $\mathfrak{D}_p$ durch H subduzierten Darstellung[1]) vorkommt, ist also ganzzahlig, so daß $\varphi_p(f)$ eine (i. a. zusammengesetzte) Charakteristik von G ist.

Aus jeder Charakteristik (3) kann man aus dem Koeffizienten von $f_{ij} = f_i$ die Charaktere einer Darstellung von G bestimmen. Jedes Δ_p erzeugt so eine Darstellung von G. Ihre Charaktere sind:

$$\left.\begin{aligned} \chi_i^{[p]} &= 0 && \text{für } C_i \not\subset H\,, \\ \chi_i^{[p]} &= \frac{g}{h\, r_i} \sum_{j=1}^{m_i} r_{ij} \chi_{ij}^{(p)} && \text{für } C_i \subset H\,. \end{aligned}\right\} \tag{4}$$

Reduziert man alle so erhaltenen Darstellungen $\mathfrak{D}_{[p]}$ von G aus, so erhält man alle irreduziblen Darstellungen $\mathfrak{D}_p$ von G.

Bew. Wäre z. B. $\mathfrak{D}_p$ nicht in den Ausreduzierungen enthalten, so kann man die aus $\mathfrak{D}_p$ subduzierte Darstellung von H ausreduzieren, wobei der irreduzible Bestandteil Δ_q vorkommen möge, und kann aus Δ_q eine Darstellung $\mathfrak{D}_{[q]}$ von G erzeugen. $\mathfrak{D}_{[q]}$ muß nach FROBENIUS' Theorem[2]) $\mathfrak{D}_p$ enthalten im Widerspruch zur Annahme.

4. Charaktere irreduzibler Darstellungen von G

Für den Fall, daß H vom Index 2 oder 3 ist, untersuchen wir die erzeugten Darstellungen $\mathfrak{D}_{[p]}$ von G genauer.

Zunächst definieren wir konjugierte Darstellungen. Zwei Darstellungen Δ_p und Δ_q der Untergruppe H heißen genau dann konjugiert, wenn ein Element $b \in G - H$ existiert mit

$$\Delta_p(a) = \Delta_p(b^{-1}\, a\, b) \qquad \text{für alle} \quad a \in H\,.$$

[1]) Die Matrizen einer Darstellung $\mathfrak{D}$ von G, die den Elementen einer Untergruppe $H \subset G$ zugeordnet sind, bilden eine Darstellung von H, die von H aus $\mathfrak{D}$ subduzierte Darstellung.

[2]) s. [10].

Zwei konjugierte Darstellungen sind entweder beide reduzibel oder beide irreduzibel. Die Charaktere von Δ_p erhält man durch Umordnung aus denen von Δ_q.

A. Fall: Index = 2.

Ist H vom Index 2, so gibt es zu jedem Δ_q bis auf Äquivalenz nur eine konjugierte Darstellung. Eine andere Wahl von b liefert nur eine zu ihr äquivalente Darstellung. Die irreduziblen Darstellungen von H lassen sich also in n Paare konjugierter Darstellungen und m selbstkonjugierte Darstellungen einteilen: $\tilde{r} = 2n + m$. Dann gilt folgender Satz:

Jedes Paar konjugierter Darstellungen von H erzeugt eine irreduzible Darstellung von G von doppelt so hoher Dimension. Jede selbstkonjugierte Darstellung von H erzeugt eine reduzible Darstellung von G (auch von doppelt so hoher Dimension), die in zwei gleichdimensionale, inäquivalente Bestandteile zerfällt. Die Charaktere der Bestandteile sind auf H dieselben wie die der selbstkonjugierten Darstellung.

Die so erzeugten insgesamt $n + 2m$ irreduziblen Darstellungen von G sind untereinander inäquivalent und sind daher alle r irreduziblen Darstellungen von G $(n + 2m = r)$.

Bew.: Für $\frac{g}{h} = 2$ können wir (4) auch schreiben:

$$\chi_i^{[p]} = 0 \qquad C_i \not\subset H \quad (i = r' + 1, \ldots, r),$$
$$\chi_i^{[p]} = \chi_{i1}^{(p)} + \chi_{i1}^{(\bar{p})} \qquad C_i \subset H \quad (i = 1, \ldots, r')$$

wobei Δ_p, $\Delta_{\bar{p}}$ konjugierte Darstellungen sind. Verfeinert sich nämlich C_i nicht, so ist $\chi_i^{[p]} = 2\chi_{i1}^{(p)}$. Aber $\chi_{i1}^{(\bar{p})} = \chi_{i1}^{(p)}$, da a und b kommutieren für ein $a \in C_i$ und ein $b \in G - H$. Verfeinert sich C_i, so ist $\chi_i^{[p]} = \chi_{i1}^{[p]} + \chi_{i2}^{(p)}$. Aber $\chi_{i2}^{(p)} = \chi_{i1}^{(\bar{p})}$ wegen des Isomorphismus $c \leftrightarrow b_0^{-1} c\, b_0$ $(c \in C_{i1})$.
Die Dimension der erzeugten Darstellung $\mathfrak{D}_{[p]}$ ist also doppelt so groß wie die von Δ_p. Δ_p und $\Delta_{\bar{p}}$ erzeugen dieselbe Darstellung $\mathfrak{D}_{[p]}$.
Ist $\Delta_p \not\sim \Delta_{\bar{p}}$, so ist $\mathfrak{D}_{[p]}$ irreduzibel:

$$\sum_{i=1}^{r} r_i |\chi_i^{[p]}|^2 = \sum_{i=1}^{r'} |\chi_{i1}^{(p)} + \chi_{i1}^{(\bar{p})}|^2 = \sum_{i=1}^{r'} \sum_{j=1}^{m_i} r_{ij} |\chi_{ij}^{(p)} + \chi_{ij}^{(\bar{p})}|^2 =$$
$$= \sum_{ij} r_{ij} \left[|\chi_{ij}^{(p)}|^2 + \chi_{ij}^{(p)*} \chi_i^{(\bar{p})} + \chi_{ij}^{(p)} \chi_{ij}^{(\bar{p})*} + |\chi_{ij}^{(\bar{p})}|^2\right] = 2h = g.$$

Ist $\Delta_p \not\sim \Delta_{\bar{p}}$, $\Delta_q \not\sim \Delta_{\bar{q}}$, $\Delta_p \not\sim \Delta_q$, so ist $\mathfrak{D}_{[p]} \not\sim \mathfrak{D}_{[q]}$

$$\sum_{i=1}^{r} r_i \chi_i^{[p]} \chi_i^{[q]*} = \sum_{ij} r_{ij} \left(\chi_{ij}^{(p)} + \chi_{ij}^{(\bar{p})}\right) \left(\chi_{ij}^{(q)} + \chi_{ij}^{(\bar{q})}\right)^* = 0.$$

Ist $\Delta_p \sim \Delta_{\bar{p}}$ (selbstkonjugierte Darstellung), so ist $\chi_i^{[p]} = 2\chi_{i1}^{(p)}$ für $C_i \subset H$, und

$$\sum_{i=1}^{r} r_i |\chi_i^{[p]}|^2 = \sum_{ij} r_{ij} |2\chi_{ij}^{(p)}|^2 = 4h = 2g.$$

$\mathfrak{D}_{[p]}$ zerfällt dann also in zwei irreduzible Bestandteile $\mathfrak{D}^1_{[p]}$ und $\mathfrak{D}^2_{[p]}$ $(1^2 + 1^2 = 2)$. Nach FROBENIUS' Theorem subduziert H aus jedem Bestandteil eine Darstellung, die Δ_p enthält, so daß $\mathfrak{D}^{1,2}_{[p]}$ mindestens $\chi_1^{(p)}$-dimensional sind. Da die Dimension von $\mathfrak{D}_{[p]}$ $2\,\chi_1^{(p)}$ ist, sind $\mathfrak{D}^{1,2}_{[p]}$ also beide $\chi_1^{(p)}$-dimensional. $\mathfrak{D}^1_{[p]}$ und $\mathfrak{D}^2_{[p]}$ sind inäquivalent.
Ist nämlich $b \notin H$, so ist $b\,a \notin H$, wenn $a \in H$. Also

$$0 = \chi^{[p]}(b\,a) = \chi^{[p]1}(b\,a) + \chi^{[p]2}(b\,a)\,. \tag{5}$$

Da $\mathfrak{D}^1_{[p]}$ irreduzibel ist, folgt

$$\begin{aligned} 2\,h = g = \sum_G |\chi^{[p]1}|^2 &= \sum_{a \in H} \left[|\chi^{[p]1}(a)|^2 + |\chi^{[p]1}(b\,a)|^2\right] \\ &= h + \sum_{a \in H} |\chi^{[p]1}(b\,a)|^2\,. \end{aligned} \tag{6}$$

Mit (5) und (6), sowie $\chi^{[p]1}(a) = \chi^{[p]2}(a)$ $(a \in H)$ folgt

$$\sum_G \chi^{[p]1}\,\chi^{[p]2*} = \sum_{a \in H} \left[\chi^{[p]1}(a)\,\chi^{[p]2}(a)^* + \chi^{[p]1}(b\,a)\,\chi^{[p]2*}(b\,a)\right] = h - h = 0\,.$$

Ist $\Delta_p \not\sim \Delta_q$ (Δ_p, Δ_q selbstkonjugiert, so sind $\mathfrak{D}^{1,2}_{[p]}$, $\mathfrak{D}^{1,2}_{[q]}$ alle untereinander inäquivalent. Denn wäre z. B. $\mathfrak{D}^1_{[p]} \sim \mathfrak{D}^1_{[q]}$, so wären ihre Charaktere auf H gleich und $\Delta_p \sim \Delta_q$.
Aus demselben Grunde sind auch die von selbstkonjugierten Darstellungen erzeugten Darstellungen inäquivalent zu den Darstellungen, die von konjugierten Paaren erzeugt werden. Damit ist der Beweis beendet.

Für die Charaktere der erzeugten irreduziblen Darstellungen von G gilt

1. $\Delta_p \not\sim \Delta_{\bar{p}}$ erzeugen $\Delta_{[p]}$

$$\chi_i^{[p]} = \chi_{i1}^{(p)} + \chi_{i1}^{(\bar{p})} \qquad C_i \subset H\,,$$
$$\chi_i^{[p]} = 0 \qquad C_i \not\subset H\,.$$

2. $\Delta_p \sim \Delta_{\bar{p}}$ erzeugt $\mathfrak{D}^1_{[p]}$ und $\mathfrak{D}^2_{[p]}$

$$\chi_i^{[p]1,2} = \chi_{i1}^{(p)}\ {}^{1)} \qquad C_i \subset H\,,$$
$$\chi^{[p]1}(b\,a) = -\,\chi^{[p]2}(b\,a) = Sp\left(U\,\Delta_p(a)\right) \qquad a\,b \notin H\,,$$

wobei U durch

$$\Delta_{\bar{p}}(a) = \Delta_p(b^{-1}\,a\,b) = U^{-1}\,\Delta_p(a)\,U \qquad a \in H\,, \tag{7}$$
$$\Delta_p(b^2) = U^2 \tag{8}$$

($b \notin H$, beliebig aber fest) bis auf das Vorzeichen bestimmt ist.

Bew.: Zunächst zeigen wir, daß (8) mit (7) verträglich ist. Ersetzt man in (7) a durch $b^{-1}\,a\,b$, so wird $U^{-2}\,\Delta_p(a)\,U^2 = \Delta_p(b^{-2}\,a\,b^2) = \Delta_p^{-1}(b^2)\,\Delta_p(a)\,\Delta_p(b^2)$. Mit dem SCHURschen Lemma folgt $\Delta_p(b^2) = \lambda\,U^2$, was mit (8) verträglich ist.

---

1) $\chi_{i1}^{(p)} = \chi_{i2}^{(p)}$ für selbstkonjugierte Darstellungen, falls sich C_i überhaupt verfeinert.

Wir definieren jetzt zwei Darstellungen von G durch

$$\tilde{\mathfrak{D}}_{1,2}(a) = \Delta_p(a) ,$$
$$\tilde{\mathfrak{D}}_{1,2}(b\,a) = \pm\, U\, \Delta_p(a) .$$

Wir zeigen, daß sie inäquivalent sind und irreduzibel. Da H Δ_p aus ihnen subduziert, müssen sie dann mit $\mathfrak{D}^1_{[p]}$ und $\mathfrak{D}^2_{[p]}$ identisch sein.

$\tilde{\mathfrak{D}}_{1,2}$ sind Darstellungen, wie man durch Nachprüfen der Darstellungseigenschaft für alle vier Kombinationen der Elemente a und $b\,a'$ unter Benutzung von $\Delta(b^2) = U^2$ beweist. $\tilde{\mathfrak{D}}_{1,2}$ müssen irreduzibel sein, da sonst die von H aus ihnen subduzierte Darstellung auch reduzibel wäre. $\tilde{\mathfrak{D}}_{1,2}$ müssen inäquivalent sein, sonst existierte eine Transformationsmatrix S mit $\tilde{\mathfrak{D}}_1 = S^{-1}\,\tilde{\mathfrak{D}}_2\, S$. Das gilt auch für die subduzierte Darstellung von H, so daß $S = \lambda\, E$ ist nach dem SCHURschen Lemma, also $\tilde{\mathfrak{D}}_1 = \tilde{\mathfrak{D}}_2$, was nicht möglich ist.

B. Fall — Index = 3

Ist H vom Index 3, so gibt es zu jedem Δ_p bis auf Äquivalenz höchstens zwei konjugierte Darstellungen $\Delta_{p'}(a) = \Delta_p(b_0^{-1}\, a\, b_0)$ und $\Delta_{p''}(a) = \Delta_p(b_0\, a\, b_0^{-1})$ wenn $H' = b_0 H$ ist. Entweder sind alle drei Darstellungen inäquivalent oder äquivalent (selbstkonjugiert).

Bew.: Ist $\Delta_p(a) \sim \Delta_p(b_0^{-1}\, a\, b_0)$, so existiert S mit

$$\Delta_p(a) = S^{-1}\, \Delta_p(b_0^{-1}\, a\, b_0)\, S = S^{-1}\, \Delta_p^{-1}(b_0^2)\, \Delta_p(b_0\, a\, b_0^{-1})\, \Delta_p(b_0^2)\, S ,$$

d. h. $\Delta_p(a) \sim \Delta_p(b_0\, a\, b_0^{-1})$.

Die irreduziblen Darstellungen von H lassen sich also in n Tripel konjugierter Darstellungen und m selbstkonjugierte Darstellungen einteilen: $\bar{r} = 3\,n + m$.

Dann gilt folgender Satz:

Jedes Tripel konjugierter Darstellungen von H erzeugt eine irreduzible Darstellung von G von dreifacher Dimension. Jede selbstkonjugierte Darstellung von H erzeugt eine reduzible Darstellung von G (auch von dreifacher Dimension), die in drei gleichdimensionale, inäquivalente Bestandteile zerfällt. Die Charaktere der Bestandteile sind auf H dieselben wie die der selbstkonjugierten Darstellung.

Die so erzeugten insgesamt $n + 3\,m$ irreduziblen Darstellungen von G sind untereinander inäquivalent und sind daher alle r irreduziblen Darstellungen von G $(n + 3\,m = r)$.

Bew.: Für $\frac{g}{h} = 3$ können wir (4) auch schreiben

$$\chi_i^{[p]} = 0 \qquad\qquad C_i \not\subset H \quad (i = r' + 1, \ldots, r) ,$$
$$\chi_i^{[p]} = \chi_{i1}^{(p)} + \chi_{i1}^{(p')} + \chi_{i1}^{(p'')} \qquad C_i \subset H \quad (i = 1, \ldots, r') ,$$

wobei Δ_p, $\Delta_{p'}$ und $\Delta_{p''}$ die oben definierten konjugierten Darstellungen sind. Verfeinert sich nämlich C_i nicht, so ist $\chi_i^{[p]} = 3\,\chi_{i1}^{(p)}$. Aber $\chi_{i1}^{(p)} =$

$= \chi_{i1}^{(p')} = \chi_{i1}^{(p'')}$, da $a_0 b_0 = b_0 a_0$ für ein $a_0 \in C_i$ und ein $b_0 \in H'$. Verfeinert sich C_i, so ist $\chi_i^{[p]} = \chi_{i1}^{(p)} + \chi_{i2}^{(p)} + \chi_{i3}^{(p)} = \chi_{i1}^{(p)} + \chi_{i1}^{(p')} + \chi_{i1}^{(p'')}$ wegen der Isomorphismen $c \leftrightarrow b_0^{-1} c b_0 \leftrightarrow b_0 c b_0^{-1}$ $(c \in C_{i1})$.
Die Dimension der erzeugten Darstellung $\mathfrak{D}_{[p]}$ ist also dreimal so groß wie die von $\Delta_p \cdot \Delta_p$, $\Delta_{p'}$ und $\Delta_{p''}$ erzeugen dieselbe Darstellung $\mathfrak{D}_{[p]}$.
Ist $\Delta_p \nsim \Delta_{p'}$, so ist $\mathfrak{D}_{[p]}$ irreduzibel:

$$\sum_{i=1}^{r} r_i |\chi_i^{[p]}|^2 = \sum_{i=1}^{r'} |\chi_{i1}^{(p)} + \chi_{i1}^{(p')} + \chi_{i1}^{(p'')}|^2$$

$$= \sum_{i=1}^{r'} \sum_{j=1}^{m_i} r_{ij} |\chi_{ij}^{(p)} + \chi_{ij}^{(p')} + \chi_{ij}^{(p'')}|^2 = 3\,h = g\,.$$

Ist $\Delta_p \sim \Delta_{p'}$, $\Delta_q \nsim \Delta_{q'}$, $\Delta_p \nsim \Delta_{q'}$, so ist $\mathfrak{D}_{[p]} \nsim \mathfrak{D}_{[q]}$, denn

$$\sum_{i=1}^{r} r_i \chi_i^{[p]*} \chi_i^{[q]} = \sum_{ij} r_{ij} \left(\chi_{ij}^{(p)} + \chi_{ij}^{(p')} + \chi_{ij}^{(p'')}\right)^* \left(\chi_{ij}^{(q)} + \chi_{ij}^{(q')} + \chi_{ij}^{(q'')}\right) = 0\,.$$

Ist $\Delta_p \sim \Delta_{p'}$ (selbstkonjugierte Darstellung), so ist $\chi_i^{[p]} = 3\,\chi_{i1}^{(p)}$ für $C_i \subset H$ und

$$\sum_{i=1}^{r} r_i |\chi_i^{[p]}|^2 = \sum_{ij} r_{ij} |3\,\chi_{ij}^{(p)}|^2 = 9\,h = 3\,g\,.$$

$\mathfrak{D}_{[p]}$ zerfällt dann also in drei irreduzible Bestandteile $\mathfrak{D}_{[p]}^1$, $\mathfrak{D}_{[p]}^2$ und $\mathfrak{D}_{[p]}^3$. Nach Frobenius' Theorem subduziert H aus jedem Bestandteil eine Darstellung, die Δ_p enthält, so daß $\mathfrak{D}_{[p]}^{1,2,3}$ mindestens $\chi_1^{(p)}$-dimensional sind. Da die Dimension von $\mathfrak{D}_{[p]}$ $3\,\chi_1^{(p)}$ ist, sind $\mathfrak{D}_{[p]}^{1,2,3}$ also alle drei $\chi_1^{(p)}$-dimensional. $\mathfrak{D}_{[p]}^{1,2,3}$ sind untereinander inäquivalent, wie man auf ähnliche Weise wie S. 9 zeigt.
Daß zwei inäquivalente selbstkonjugierte Darstellungen von H sechs untereinander inäquivalente irreduzible Darstellungen von G erzeugen und daß von selbstkonjugierten Darstellungen erzeugte Darstellungen von G inäquivalent zu von Tripeln konjugierter Darstellungen erzeugten Darstellungen von G sind, zeigt man genau so, wie in dem Fall, daß H vom Index 2 ist.

Für die Charaktere der erzeugten irreduziblen Darstellungen von G gilt

1. $\Delta_p \nsim \Delta_{p'}$ erzeugen $\mathfrak{D}_{[p]}$

$$\chi_i^{[p]} = \chi_{i1}^{(p)} + \chi_{i1}^{(p')} + \chi_{i1}^{(p'')} \qquad C_i \subset H\,,$$
$$\chi_i^{[p]} = 0 \qquad C_i \not\subset H\,.$$

2. $\Delta_p \sim \Delta_{p'}$ erzeugt $\mathfrak{D}_{[p]}^1$, $\mathfrak{D}_{[p]}^2$ und $\mathfrak{D}_{[p]}^3$

$$\chi_i^{[p]1,2,3} = \chi_{i1}^{(p)}\ ^{1)}$$

$$\chi_i^{[p]1}(b_0\,a) = \omega\,Sp\left(U\,\Delta_p(a)\right), \qquad \chi_i^{[p]1}(b_0^{-1}\,a) = \omega^2\,Sp\left(U^{-1}\,\Delta_p(a)\right),$$
$$\chi_i^{[p]2}(b_0\,a) = \omega^2\,Sp\left(U\,\Delta_p(a)\right), \qquad \chi_i^{[p]2}(b_0^{-1}\,a) = \omega\,Sp\left(U^{-1}\,\Delta_p(a)\right),$$
$$\chi_i^{[p]3}(b_0\,a) = Sp\left(U\,\Delta_p(a)\right), \qquad \chi_i^{[p]3}(b_0^{-1}\,a) = Sp\left(U^{-1}\,\Delta_p(a)\right),$$

---

[1]) $\chi_{i1}^{(p)} = \chi_{i2}^{(p)} = \chi_{i3}^{(p)}$ für selbstkonjugierte Darstellungen, falls sich C_i überhaupt verfeinert.

wobei $\omega = e^{\frac{2\pi i}{3}}$ und U durch

$$\Delta_{p'}(a) = \Delta_p(b_0^{-1}\, a\, b_0) = U^{-1}\,\Delta_p(a)\, U \qquad a \in H\,, \tag{9}$$

$$\Delta_p(b_0^3) = U^3 \tag{10}$$

($b_0 \in H'$, beliebig, aber fest) bis auf eine dritte Einheitswurzel bestimmt ist.)

Bew.: Zunächst zeigen wir, daß (10) mit (9) verträglich ist. Ersetzt man in (9) zweimal hintereinander a durch $b_0^{-1}\, a\, b_0$, so wird

$$U^{-3}\,\Delta_p(a)\, U^3 = \Delta_p(b_0^{-3}\, a\, b) = \Delta_p^{-1}(b_0^3)\,\Delta_p(a)\,\Delta_p(b_0^3)\,,$$

denn $b_0^3 \in H$ (Bew.: $b_0^2 \notin H'$, da sonst $b_0^2 \in H$ und $b_0 \in H'^{-1}$; wäre aber $b_0^3 \in H'^{-1}$, so wäre $b_0^2 \in H$, dann müßte aber $b_0^3 \in H'$ sein). Mit dem SCHURschen Lemma folgt also $\Delta_p(b_0^3) = \lambda\, U^3$, was mit (10) verträglich ist.
Wir definieren jetzt drei Darstellungen von G durch

$$\tilde{D}_{1,2,3}(a) = \Delta_p(a) \qquad (a \in H)\,,$$

$$\tilde{D}_1(b_0\, a) = \omega\, U\, \Delta_p(a)\,, \qquad \tilde{D}_1(b_0^{-1}\, a) = \omega^2\, U^{-1}\,\Delta_p(a)\,,$$

$$\tilde{D}_2(b_0\, a) = \omega^2\, U\,\Delta_p(a)\,, \qquad \tilde{D}_2(b_0^{-1}\, a) = \omega\, U^{-1}\,\Delta_p(a)\,,$$

$$\tilde{D}_3(b_0\, a) = U\,\Delta_p(a)\,, \qquad \tilde{D}_3(b_0^{-1}\, a) = U^{-1}\,\Delta_p(a)\,.$$

Wir zeigen, daß sie inäquivalent sind und irreduzibel. Da $H\,\Delta_p$ aus ihnen subduziert, müssen sie dann mit $\mathfrak{D}_{[p]}^{1,2,3}$ identisch sein.

$\tilde{\mathfrak{D}}_{1,2,3}$ sind Darstellungen, wie man durch Nachprüfen der Darstellungseigenschaft für alle neun Kombinationen der Elemente a, $b_0\, a$, $b_0^{-1}\, a$ unter Benutzung von $\Delta(b_0^3) = U^3$ beweist.

$\tilde{\mathfrak{D}}_{1,2,3}$ müssen irreduzibel sein, da sonst die von H aus ihnen subduzierte Darstellung auch reduzibel wäre.

$\tilde{\mathfrak{D}}_{1,2,3}$ müssen untereinander inäquivalent sein, da sie sonst identisch wären, was nicht der Fall ist.

Von ZAK [1] wird nur der Spezialfall untersucht, daß ein Element $b_0 \in G - H$ existiert, so daß $\Delta_p(b_0^2)$ bzw. $\Delta_p(b_0^3)$ ein Vielfaches der Einheitsmatrix ist. Dann ist $U = \sqrt{\frac{Sp\,\Delta_p(b_0^2)}{\mathrm{Dim}\,\Delta_p}} \cdot E$ bzw. $U = \sqrt[3]{\frac{Sp\,\Delta_p(b_0^3)}{\mathrm{Dim}\,\Delta_p}} \cdot E$ und die Berechnung der Charaktere der aus selbstkonjugierten Darstellungen erzeugten irreduziblen Darstellungen von G vereinfacht sich wesentlich.

Wollen wir diese für beliebige endliche Gruppen abgeleiteten Ergebnisse auf die Gruppe $G(\mathbf{k})$ anwenden, so müssen wir noch zeigen, daß aus allen kleinen Darstellungen Δ_p eines Normalteilers vom Index 2 oder 3 der Gruppe $G(\mathbf{k})$ alle kleinen Darstellungen von $G(\mathbf{k})$ erzeugt werden können.

Bew.: 1. Kleine Darstellungen Δ_p erzeugen wieder kleine Darstellungen. Denn ist $\Delta_p \nsim \Delta_{\bar{p}}$, so ist

$$D_{[p]}(\{\varepsilon/\mathbf{R}_n\}) = \begin{pmatrix} e^{-i\mathbf{k}\mathbf{R}_n \cdot 1} & \\ & e^{-i\mathbf{k}\beta^{-1}\mathbf{R}_n \cdot 1} \end{pmatrix} \begin{pmatrix} e^{-i\mathbf{k}\mathbf{R}_n \cdot 1} & \\ & e^{-i\mathbf{k}\mathbf{R}_n \cdot 1} \end{pmatrix}$$

und für $\Delta_p \sim \Delta_{p'}$ ist die von H aus $\mathfrak{D}^{1,2}_{[p]}$ subduzierte Darstellung $\Delta_{p'}$, so daß auch $\mathfrak{D}^{1,2}_{[p]}$ kleine Darstellungen sind. Analog läuft der Beweis, wenn der Index 3 ist.

2. Nicht-kleine Darstellungen Δ_p erzeugen wieder nicht-kleine Darstellungen, da andernfalls Δ_p eine kleine Darstellung gewesen sein müßte.

5. Beispiele

Wir berechnen wie ZAK [1] die Charakterentafeln für die Raumgruppen O_h^2 und T^4, sowie ihrer Untergruppen $G(\mathbf{k})$ und berichtigen einige Charakterentafeln bei ZAK.

A. Charakterentafeln für O_h^2

Es ist $O_h^2 = O^1 + \{I/\boldsymbol{\tau}\}\, O^1$ $\left(I, \text{ Inversion}; \ \boldsymbol{\tau} = \frac{a}{2}(1, 1, 1)\right)$. O^1 ist symmorph. Die Punktgruppe ist O_h, das Gitter ist kubisch primitiv (Γ_c). Ein Verzeichnis der Punktgruppen $G_0(\mathbf{k})$ für die $\mathbf{k}$-Vektoren auf der Oberfläche der BRILLOUIN-Zone befindet sich in Tab. 1.

Tabelle 1

Punkt	$\mathbf{k}$	$G_0(\mathbf{k})$
R	$\frac{2\pi}{a}(1, 1, 1)$	O_h
X	$\frac{2\pi}{a}(0, 1, 0)$	$D_4 \times C_2$: $E, 3\,C_4^2, 2\,C_4 \pm (y), 2\,C_2(x\,z, z\,x)$ $I, 3\,I\,C_4^2, 2\,I\,C_4 \pm (y), 2\,I\,C_2(x\,z, z\,x)$
M	$\frac{2\pi}{a}(1, 1, 0)$	$D_4 \times C_2$: $E, 3\,C_4^2, 2\,C_4 \pm (z), 2\,C_2(x\,y, y\,x)$ $I, 3\,I\,C_4^2, 2\,C_4 \pm (y), 2\,I\,C_2(x\,z, z\,x)$
T	$\frac{2\pi}{a}(1, 1, \lambda)$	D_4 : $E, 2\,C_4 \pm (z), C_4^2(z), 2\,I\,C_4^2(x, y), 2\,I\,C_4^2(x\,y, y\,x)$
Z	$\frac{2\pi}{a}(\lambda, 1, 0)$	D_2 : $E, C_4^2(x), I\,C_4^2(y), I\,C_4^2(z)$
S	$\frac{2\pi}{a}(\lambda, 1, \lambda)$	D_2 : $E, C_2(z\,x), I\,C_2(x\,z), I\,C_4^2(y)$
$M\,X\,R$	$\frac{2\pi}{a}(\lambda, 1, \mu)$	C_2 : $E, I\,C_4^2(y)$

Punkt R

O^1 ist symmorphe Untergruppe vom Index 2. O hat fünf Darstellungen (s. z. B. [5]): Zwei Paare konjugierter Darstellungen und eine selbstkonjugierte Darstellung. Nur für letztere kann man die Charaktere der erzeugten Darstellungen von O_h^2 nicht sofort angeben. Zur Bestimmung der Transformationsmatrix U ist es zweckmäßig, die selbstkonjugierte Darstellung von O in der Form zu benutzen, in der die subduzierte Darstellung der Untergruppe Γ ausreduziert ist. Die Charaktere sind in Tab. 2 angegeben.

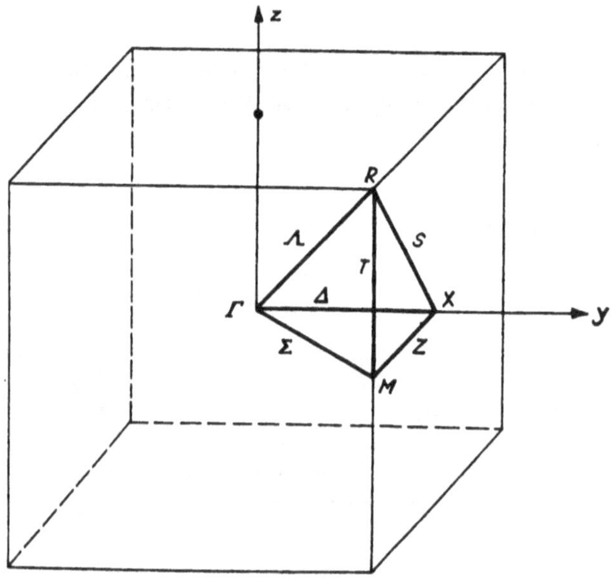

Tabelle 2

O	E	$4\,C_3$	$4\,C_3'$	$3\,C_4^2$	$6\,C_2$	$6\,C_4$
Γ_{12}	2	-1	-1	2	0	0
T	E	$4\,C_3$	$4\,C'$	$3\,C_4^2$		
	1	ω	ω^2	1		$\omega = e^{\frac{2\pi i}{3}}$
	1	ω^2	ω	1		

Da Γ_{12} zweidimensional ist, kann man die Darstellungsmatrizen von Γ in der aus Γ_{12} subduzierten Darstellung sofort angeben. Die in Γ_{12} [1]) konjugierte Darstellung von O^1 ist

[1]) Wir verwenden hier dasselbe Symbol Γ_{12} für die Darstellung von O^1 wie von O.

$$\bar{\Gamma}_{12}(a) = \Gamma_{12}\left(\{I/\boldsymbol{\tau}\}\{\alpha/\mathbf{R}\}\{I/\boldsymbol{\tau}\}\right) = \Gamma_{12}\left(\{\alpha/-\alpha\,\boldsymbol{\tau} + \boldsymbol{\tau} - \mathbf{R}_n\}\right)$$
$$= e^{-i\mathbf{k}(-\alpha\boldsymbol{\tau}+\boldsymbol{\tau}-\mathbf{R}_n}\,\Gamma_{12}(\alpha) = U^{-1}\,e^{i\mathbf{k}\mathbf{R}_n}\,\Gamma_{12}(\alpha)\,U$$

oder

$$U^{-1}\,\Gamma_{12}(\alpha)\,U = e^{-i\mathbf{k}(-\alpha\boldsymbol{\tau}+\boldsymbol{\tau})}\,\Gamma_{12}(\alpha)\,,$$

da $e^{2i\mathbf{k}\mathbf{R}_n} = 1$ für $\mathbf{k} = \frac{2\pi}{a}(1, 1, 1)$. Man zeigt, daß

$$e^{-i\mathbf{k}(-\alpha\boldsymbol{\tau}+\boldsymbol{\tau})} = \begin{cases} 1 & \text{für } \alpha \in T \\ -1 & \text{für } \alpha \notin T \end{cases}$$

U kommutiert also z. B. mit $\Gamma_{12}(C_3) = \begin{pmatrix} \omega & 0 \\ 0 & \omega^2 \end{pmatrix}$, d. h. U hat die Form $U = \begin{pmatrix} U_1 & 0 \\ 0 & U_2 \end{pmatrix}$.

Für $\alpha \notin T$ sei $\Gamma_{12}(\alpha) = \begin{pmatrix} \alpha_{11} & \alpha_{12} \\ \alpha_{21} & \alpha_{22} \end{pmatrix}$. Da $\Gamma_{12}(\alpha)$ dann mit U antikommutiert, folgt $\alpha_{11} = \alpha_{22} = 0$, $U_1 = -U_2$.

Wegen $U^2 = \Gamma_{12}(\{I/\boldsymbol{\tau}\}^2) = 1$ ist $U_1 = 1$, so daß $Sp\left(U\,\Gamma_{12}(\alpha)\right) = \alpha_{11} - \alpha_{22}$. Man erhält also schließlich als Charakterentafel

E	$8\,C_3$	$3\,C_4^2$	$6\,C_2$	$6\,C_4$	I	$4\,I\,C_3$	$4\,I\,C_3'$	$3\,I\,C_4^2$	$6\,I\,C_2$	$6\,I\,C_4$
2	2	2	0	0	0	0	0	0	0	0
6	0	—2	0	0	0	0	0	0	0	0
2	—1	2	0	0	0	$i\sqrt{3}$	$-i\sqrt{3}$	0	0	0
2	—1	2	0	0	0	$-i\sqrt{3}$	$i\sqrt{3}$	0	0	0

Punkt X

Die symmorphe Untergruppe ist D_4, ihre Charakterentafel

	E	$2\,C_4^2$	C_4^2	$2\,C_4$	$2\,C_2$
Δ_1	1	1	1	1	1
Δ_1'	1	—1	1	1	—1
Δ_2'	1	—1	1	—1	1
Δ_2	1	1	1	—1	—1
Δ_5	2	0	—2	0	0

Da

$$e^{-i\mathbf{k}(-\alpha\boldsymbol{\tau}+\boldsymbol{\tau})} = \begin{cases} 1 & \text{für } \alpha = E,\ C_4^2,\ 2\,C_4 \\ -1 & \text{für } \alpha = 2\,C_4^2\,,\ 2\,C_2\,, \end{cases}$$

so bilden Δ_1, Δ_1' und Δ_2, Δ_2' je ein Paar konjugierter Darstellungen und Δ_5 ist selbstkonjugiert.

Zur Bestimmung von U benutzen wir Δ_5 in der Form, in der $C_4 = \{E, C_4^2, 2\,C_4\}$ ausreduziert ist. Es zerfällt dann in

C_4	E	C_4^2	C_4^+	C_4^-
	1	-1	i	$-i$
	1	-1	$-i$	i
$\Delta_5^{(s)}$	2	-2	0	0

Da U z. B. mit $\begin{pmatrix} i & 0 \\ 0 & -i \end{pmatrix}$ kommutiert, hat U die Form $U = \begin{pmatrix} U_1 & 0 \\ 0 & U_2 \end{pmatrix}$. Da U mit $\Delta_5(\alpha) = \begin{pmatrix} \alpha_{11} & \alpha_{12} \\ \alpha_{21} & \alpha_{22} \end{pmatrix}$ $(\alpha \notin C_4)$ antikommutiert, ist $\alpha_{11} = \alpha_{22} = 0$ und $U_1 = -U_2$. Wegen $U^2 = \Delta_5(\{I/\boldsymbol{\tau}\}^2) = 1$ wird $U_1 = 1$, so daß wieder $Sp(U\,\Delta_5(\alpha)) = \alpha_{11} - \alpha_{22}$ ist.

Man erhält also schließlich die Charakterentafel:

X	E	$2\,C_4^2$	C_4^2	$2\,C_4$	$2\,C_2$	I	$2\,I\,C_4^2$	$I\,C_4^2$	$I\,C_4^+$	$I\,C_4^-$	$2\,I\,C_2$
	2	0	2	2	0	0	0	0	0	0	0
	2	0	2	-2	0	0	0	0	0	0	0
	2	0	-2	0	0	0	0	0	$2\,i$	$-2\,i$	0
	2	0	-2	0	0	0	0	0	$-2\,i$	$2\,i$	0

Punkt M

Die symmorphe Untergruppe ist D_4 wie beim Punkt X. Jetzt ist aber

$$e^{-i\mathbf{k}(-\alpha\boldsymbol{\tau}+\boldsymbol{\tau})} = \begin{cases} 1 & \text{für } \alpha = E,\ C_2(y\,x)\,,\ C_4^2(z)\,,\ C_2(x\,y) \\ -1 & \text{für } \alpha = 2\,C_4^2\,,\ 2\,C_4\,. \end{cases}$$

Zur Bestimmung von U benutzen wir Δ_5 in der Form, in der $D_2 = \{E, C_2(y\,x), C_4^2(z)\,, C_2(x\,y)\}$ ausreduziert ist:

D_2	E	$C_2(y\,x)$	$C_4^2(z)$	$C_2(xy)$
	1	1	-1	-1
	1	-1	-1	1
$\Delta_5^{(s)}$	2	0	-2	0

Man zeigt wieder $Sp\,(U\,\Delta_5(\alpha)) = \alpha_{11} - \alpha_{22}$, so daß die Charakterentafel leicht bestimmt werden kann:

M	E	$2\,C_4^2$	C_4^2	$2\,C_4$	$2\,C_2$	I	$2\,I\,C_4^2$	$I\,C_4^2$	$2\,I\,C_4$	$I\,C_2(yx)$	$I\,C_2(xy)$
	2	0	2	2	0	0	0	0	0	0	0
	2	0	2	-2	0	0	0	0	0	0	0
	2	0	-2	0	0	0	0	0	0	2	-2
	2	0	-2	0	0	0	0	0	0	-2	2

Punkte T, Z, S

Die symmorphen Untergruppen $C_4 = \{E, C_4^2(z), C_4(z), C_4^{-1}(z)\}$ bzw. $C_2 = \{E, C_4^2(x)\}$ haben nur Paare konjugierter Darstellungen. Die Charakterentafeln für $G(k)$ sind bereits bei ZAK [1] tabuliert.

Punkt MXR

Die symmorphe Untergruppe $\{E\}$ hat eine selbstkonjugierte Darstellung, deren Dimension 1 ist, so daß die von ZAK gemachten einfachen Voraussetzungen zutreffen und die Charakterentafel von $G(\mathbf{k})$ wie dort zitiert aussieht.

B. Charakterentafel für T^4

Es ist

$$T^4 = C_4 + \{C_3(---)/O\}\, C_4 + \{C_4^{-1}(---)/O\}\, C_4 ,$$

wobei

$$C_4 = C_2 + \left\{C_4^2(y)\Big/\left(0, \frac{a}{2}, \frac{a}{2}\right)\right\} C_1 \text{ und } C_2 = \mathfrak{T} + \left\{C_4^2(x)\Big/\left(\frac{a}{2}, \frac{a}{2}, 0\right)\right\} \mathfrak{T}$$

($\mathfrak{T}$ ist die Gruppe der primitiven Translationen des primitiv kubischen Gitters). Zur Berechnung der Charakterentafel von T^4 muß das beschriebene Verfahren also dreimal hintereinander angewandt werden.

Zunächst tabulieren wir wieder die Punktgruppen $G_0(\mathbf{k})$ für Punkte auf der Oberfläche der BRILLOUIN-Zone:

Punkt	$\mathbf{k}$	$G(\mathbf{k})$
R	$\frac{2\pi}{a}(1, 1, 1)$	T^4
X	$\frac{2\pi}{a}(0, 1, 0)$	$C_4: E, 3\,C_4^2(x, y, z)$
M	$\frac{2\pi}{a}(1, 1, 0)$	$C_4: E, 3\,C_4^2(x, y, z)$
T	$\frac{2\pi}{a}(1, 1, \lambda)$	$C_2: E, C_4^2(x)$
Z	$\frac{2\pi}{a}(\lambda, 1, 0)$	$C_2: E, C_4^2(x)$
S $M\,X\,R$		allg. Lage

$\mathfrak{T}$ hat nur eine eindimensionale kleine Darstellung:

$$D^{\mathfrak{T}}(\{\varepsilon/\mathbf{R}_n\}) = e^{-i\mathbf{k}\mathbf{R}_n}.$$

Sie muß selbstkonjugiert sein und erzeugt 2 eindimensionale Darstellungen von C_2. Wir können die einfache Methode von ZAK verwenden, nach der

$$U = \sqrt{e^{-i\mathbf{k}\left[\left(\frac{a}{2},-\frac{a}{2},0\right)-\left(\frac{a}{2},\frac{a}{2},0\right)\right]}} = e^{i\frac{k_y a}{4}} = i,$$

da für alle betrachteten Oberflächenpunkte $k_y = \frac{2\pi}{a}$ ist.

Wir erhalten also für C_2 die Darstellungen

$$D^{C_2}_{1,2}(\{\varepsilon/\mathbf{R}_n\}) = e^{-i\mathbf{k}\mathbf{R}_n},$$

$$D^{C_2}_{1,2}\left(\left\{C_4^2(x)\Big/\frac{a}{2}(1,1,0)+\mathbf{R}_n\right\}\right) = \pm\, i\, e^{-i\mathbf{k}\mathbf{R}_n}.$$

Man überzeugt sich davon, daß die beiden Darstellungen einander konjugiert sind, so daß man für C_4 eine zweidimensionale Darstellung erhält, mit den Charakteren

$$\chi^{C_4}(\{\varepsilon/\mathbf{R}_n\}) = 2\, e^{-i\mathbf{k}\mathbf{R}_n},$$

$$\chi^{C_4}(a) = 0 \quad \text{für } a \notin \mathfrak{T}.$$

Sie muß selbstkonjugiert sein, und zwar gilt

$$D^{C_4}(\{C_3^{-1}(---)/0\}\, a\, \{C_3(---)/0\}) = D^{C_4}(a) \quad \text{für } a \in C_4,$$

so daß $U = 1$ wird und man die Charaktere von T^4 wie bei ZAK leicht berechnen kann:

$$\chi^{T^4}_{1,2,3}(\{\varepsilon/\mathbf{R}_n\}) = 2\, e^{-i\mathbf{k}\mathbf{R}_n},$$

$$\chi^{T^4}_{1,2,3}(\{C_3(---)/\mathbf{R}_n\}) = 2\begin{Bmatrix}\omega\\ \omega^2\\ 1\end{Bmatrix} e^{-i\mathbf{k}\mathbf{R}_n} \qquad \omega = e^{\frac{2\pi i}{3}},$$

$$\chi^{T^4}_{1,2,3}(\{C_3^{-1}(---)/\mathbf{R}_n\}) = 2\begin{Bmatrix}\omega^2\\ \omega\\ 1\end{Bmatrix} e^{-i\mathbf{k}\mathbf{R}_n}.$$

Alle übrigen Charaktere verschwinden.

Da wir nebenher auch die Charaktere von C_4 und C_2 erhalten haben, haben wir also die Charakterentafeln für alle Oberflächenpunkte der BRILLOUIN-Zone bei T^4 abgeleitet.

Literaturverzeichnis

[1] J. ZAK: J. Math. Physics **1** (1960) 165.
[2] V. HEINE: Group Theory in Quantum Mechanics. London 1960.
[3] H. JONES: The Theory of Brillouin Zones and Electronic States in Crystals. Amsterdam 1960.
[4] L. P. BOUCKAERT, R. SMOLUCHOWSKI, E. WIGNER: Phys. Rev. **50** (1936) 58.
[5] G. F. KOSTER: Solid State Physics, New York, **5** (1957) 173.
[6] F. SEITZ: Ann. of Math. **37** (1936) 17.
[7] C. HERRING: J. Franklin Inst. **233** (1942) 525.
[8] T. SUGITA, E. YAMAKA: Reports of ECL, NTT **2** (1954) 24.
[9] E. WIGNER: Group Theory. New York 1959.
[10] F. D. MURNAGHAN: The Theory of Group Representations. Baltimore 1938.

FSC
www.fsc.org
MIX
Papier | Fördert gute Waldnutzung
FSC® C083411

Zeitfracht Medien GmbH
Ferdinand-Jühlke-Straße 7
99095 Erfurt, Deutschland
produktsicherheit@kolibri360.de